CE QUE DISENT

LES CHAMPS

3e SÉRIE PETIT IN-8°

LA JEUNE FILLE A L'ŒILLET
Par Paul Flandrin.
(Mlle Mathilde Maison, baronne de Mackau.)

CE QUE DISENT

LES CHAMPS

PAR

MME LA BARONNE DE MACKAU

Précédé d'une lettre de M. A. de MUN

DE L'ACADÉMIE FRANÇAISE

TOURS

MAISON ALFRED MAME ET FILS

Lettre de Monsieur le comte Albert de Mun
à Monsieur le baron de Mackau.

Paris, le 15 juillet 1910.

Mon cher ami,

C'est une heureuse pensée d'offrir au public une nouvelle édition du livre exquis où Mme de Mackau a mis tout son cœur. La reproduction du célèbre portrait de Flandrin la rend doublement précieuse, en permettant à ceux qui n'ont pas connu « la jeune fille à l'œillet » de deviner, par l'expression de son beau visage, ce que fut la femme admirable dont ces pages délicieuses révèlent l'âme charmante et délicate.

Je l'ai trop peu rencontrée sur le chemin de la vie pour pouvoir la louer dignement. Mais j'ai d'assez près entendu le bruit de sa marche discrète pour savoir quelle ineffaçable trace elle a laissée partout où s'est exercée sa vertu ; quel rayonnement, partout où elle a passé, a répandu sa charitable bonté.

En racontant, avec une poétique simplicité, « ce que disent les champs, » elle a su, de la contemplation des œuvres de Dieu, tirer un fécond enseignement de morale sociale. A l'heure où le matérialisme envahit la chaumière des paysans comme la demeure des riches, détruisant entre eux les liens de la solidarité chrétienne, il est souverainement utile et opportun que de telles leçons viennent relever les âmes et réchauffer les cœurs.

En offrant ce respectueux hommage à la mémoire de celle qui nous les a léguées, je saisis avec joie cette occasion de vous redire les sentiments d'inaltérable affection de votre vieil et fidèle ami.

A. DE MUN.

ÉVÊCHÉ DE SÉEZ

Séez, le 19 avril 1873.

Madame la baronne,

Je regrette vivement que les préparatifs de la visite pastorale ne m'aient pas permis de lire moi-même l'ouvrage : *Ce que disent les Champs*, que vous avez eu la bonne pensée de composer. Mais je l'ai fait examiner, et, sur le rapport très favorable qui m'a été adressé, je ne doute nullement qu'il ne fasse un bien réel aux bons habitants des campagnes, pour lesquels vous l'avez écrit avec un cœur qui leur est si dévoué.

C'est donc bien volontiers que j'en autorise

l'impression, en priant Notre-Seigneur de bénir l'ouvrage, l'auteur, et le lecteur.

Veuillez agréer, Madame la baronne, l'expression de mes sentiments très respectueux et très distingués.

† CH. FRÉD., év. de Séez.

A madame la baronne de Mackau.

CE QUE DISENT

LES CHAMPS

AVANT-PROPOS

Mes chers amis, c'est à vous seuls que je m'adresserai dans ce petit livre; à vous, habitants de nos campagnes, qui gagnez vaillamment votre vie dans un labeur quotidien; à vous, travailleurs de toute sorte, qui ne devez l'aisance de votre famille qu'à vos bras robustes et courageux.

Nous sommes de vieilles connaissances, et l'on dit que nous nous entendons fort bien; c'est une raison pour causer ensemble.

Figurez-vous qu'un jour, me promenant seule dans les champs, au coucher du soleil, je rencontre un berger et son troupeau. — J'aime les troupeaux avec leurs agneaux qui bondissent et leurs chiens vigilants, mais j'aime bien plus encore les bergers. — Nous voilà vite en conversation : « A quoi pensez-vous donc, berger, pendant ces longues heures que vous passez là, par le chaud, le froid, le vent ou la pluie? » Et lui, de me répondre, bien surpris : « Eh! là, ma bonne dame, à quoi voulez-vous donc que je pense? »

Je m'en revins, et chemin faisant je me disais : « Comme cela doit être ennuyeux de n'avoir rien à penser pendant si longtemps! Cependant on peut trouver bien des idées qui récréent et qui distraient, ne fût-ce qu'en voyant le ciel, les champs, les bêtes... »

Réflexion faite, je conclus qu'un petit livre où l'on vous rappellerait beaucoup de belles choses que vous savez, mais que vous avez oubliées peut-être, vous ferait quelque bien.

Ce livre, le voici.

Nous y parlerons de tout, du bon Dieu, de son Évangile, mais pas comme au sermon; nous raconterons des histoires sans suite et sans ordre; nous chercherons ensemble à quoi l'on peut songer en cultivant son champ, en regardant ses moutons, son veau ou même son âne. Oui, son âne : j'espère bien trouver quelque récit où figurera ce pauvre animal, qu'on dédaigne trop souvent, n'est-il pas vrai?

1

LE MARCHÉ

Dans nos campagnes, le jour du marché est un jour qu'on se garde bien d'oublier.

Toute la semaine on a pensé à ce jour-là. On a fait son pain de beurre aussi gros que possible ; on a compté dans son jardin les choux, les carottes, les oignons ou les fruits qui seront assez mûrs pour être portés à la ville. Le matin venu, on se lève, — encore plus tôt que de coutume, — pour achever ses préparatifs de départ.

Chez nous, c'est un lundi.

Quel plaisir j'éprouve à voir les files de charrettes qui descendent la grande côte ! Chacun a fait de la toilette, un peu trop peut-être. — Les enfants, si c'est en vacances, accompagnent les parents. Au fond de la voiture j'entrevois, sauf votre respect, un pauvre cochon gras, qui va livrer son lard au boucher ; ou bien des dindes noires, des poulets, des canards, enfermés dans des cages de bois. Puis, attachée derrière la charrette, voilà la botte de foin qui nourrira le cheval à l'écurie; car c'est déjà bien assez de payer son logement sans avoir encore à payer son dîner.

C'est au marché que se distribuent les nouvelles, et non pas seulement les nouvelles du bourg, mais celles du canton, du département, que dis-je? de toute la France. On y parle de la paix ou de la guerre, des discussions de la Chambre, du dernier vote de son député. — Pauvre député! il est bien sûr de ne pas contenter tout le monde. — Bref, le marché, c'est comme un journal vivant, où chacun met son article. Mais aussi là, comme dans le journal, on débite du faux à côté du vrai; quelquefois même plus de faux que de vrai. Cependant les gens qui content ces nouvelles en paraissent si assurés qu'on ne saurait s'empêcher de les croire, n'est-ce pas? et puis plusieurs disent l'avoir lu, ce qui, bien à tort, nous semble une preuve certaine de la vérité.

Eh bien, mes amis, malgré votre disposition à croire ce qui se dit au marché, si quelqu'un vous y apprenait ceci : « Un tel, qui habite telle commune, s'est logé depuis la Saint-Jean dans une belle maison, très grande et très commode, qui s'est faite toute seule, » le croiriez-vous?

Non certes; il n'est pas un d'entre vous, même celui qui a le moins fréquenté l'école, qui voulût un instant admettre une pareille assertion.

Et pourtant il est des gens capables de croire à moitié quelqu'un qui viendrait leur dire au marché que le monde s'est fait tout seul, aussi bien que les premiers hommes qui l'ont peuplé.

Voilà qui n'est pas mal singulier. Car vous m'avouerez que le monde est une maison autrement difficile à construire et un peu mieux organisée que celle de vos plus riches connaissances; et vous êtes bien d'avis, je suppose, que le corps de l'homme est une machine plus perfectionnée que toutes celles qu'on a inventées depuis, et qui, cependant, ne se sont certainement pas faites toutes seules.

Prenez donc votre bon sens pour juger de semblables propos, il vous répondra sans hésiter :

« Pour faire un ouvrage, il faut un ouvrier; et plus l'ouvrage est difficile, plus il faut de savoir et d'adresse chez l'ouvrier. »

Quel ouvrier n'a-t-il donc pas fallu pour fabriquer ce grand ouvrage qu'on appelle le monde!

Qu'il a dû être puissant pour allumer ces lampes merveilleuses qui nous éclairent, ce soleil qui, à lui tout seul, remplit de ses rayons l'univers entier! Par quelles savantes combinaisons il a dù régler les saisons pour qu'elles se succèdent dans le même ordre!

Quelle prévoyance admirable il a dù déployer pour que la terre fournisse à chaque animal l'aliment qui lui est nécessaire, et pour que les semences de chaque plante ne se mêlent pas avec les semences des plantes voisines !

Cet ouvrier si habile, si sage et si bon, c'est un être éternel, infiniment parfait, que nous appelons Dieu, et qui a créé, c'est-à-dire fait de rien, le ciel, la terre et tout ce qu'ils renferment.

Et tenez, l'existence de ce Dieu se démontre encore à nous d'une autre manière.

Vous rappelez-vous le grand Pierre, qui avait volé la vache de M. le maire? Comme il semblait mal à l'aise bien avant qu'on l'eût découvert! comme il se cachait, alors même qu'on ne le soupçonnait pas !

Croyez-vous qu'il fût heureux? Non certes; car en lui il entendait une voix intérieure qui le blâmait de sa mauvaise action, et cette voix lui disait, le matin, le soir, à toute heure :

« Grand Pierre, il y a un Dieu qui est juste et qui punit les voleurs. »

Ceux mêmes qui font profession de ne croire à rien, ceux-là, dans des moments de douleur ou de danger, laissent bien voir qu'ils croient davantage qu'ils ne voudraient en avoir l'air. Pourquoi sont-ils saisis de terreur en présence de la mort, si ce n'est parce qu'ils tremblent de tomber dans les mains d'un Dieu juste, dont ils n'ont nié l'existence qu'afin de se tromper eux-mêmes et de pouvoir vivre plus à leur guise?

Et ce n'est pas seulement chez nous qu'on croit qu'il y a un Dieu.

Demandez plutôt au vieux marin qui aime tant à conter ses voyages le lundi sur la place. Il vous dira que tous les peuples dont il a entendu parler, et tous ceux qu'il a vus, même les plus sauvages, ont cru et croient à l'existence de Dieu. Il est vrai que, dans leur ignorance et leur corruption, ils ont mêlé une foule d'erreurs et de fables à cette grande vérité; mais tous n'ont qu'une voix pour attester l'existence d'un être supérieur aux hommes et maître de leurs destinées.

Pour nous, qui avons eu le bonheur de naître au sein de la vraie religion, nous avons appris dès notre enfance à connaître Dieu. Ne l'oublions donc pas dans notre âge mûr; et si par hasard des gens coupables, fous ou menteurs, nous disent que le monde s'est fait tout seul, rappelons-nous que la chose est tout à fait aussi impossible que si l'on venait nous raconter qu'une maison s'est construite sans ouvriers, ou bien encore que des grains de poussière, de sable, de chaux, se sont d'eux-mêmes réunis ensemble et ont formé un homme semblable à nous, un homme qui pense, qui parle, et qui vient vendre son beurre ou son veau le lundi au marché.

II

LE LABOUREUR ET SES CHEVAUX

Vous voilà au travail, et j'aime à suivre votre charrue tandis qu'elle fend si promptement le sol avec son soc reluisant.

Quels beaux sillons vous venez de tracer, et quel parfum s'échappe de la terre!

J'admire ces jeunes chevaux qui reviennent tant de fois sur leurs pas avec une docilité parfaite...

Dites-moi, vous êtes-vous jamais demandé ce qui vous rend leur maître, et comment vous avez pu les habituer à vous obéir et à ne pas briser leurs traits?

Pour en être arrivé là, il faut que vous leur soyez supérieur; et ce n'est point par votre corps que vous pouvez l'être, car, à le prendre par ce côté, vos chevaux sont autrement forts que vous. C'est donc parce que vous avez en vous quelque chose qu'ils n'ont pas : — un esprit qui raisonne, qui se propose un but, qui veut puissamment, librement, persévéramment; un esprit qui vous permet de causer avec vos semblables, de conclure des affaires avec eux, de former une famille, une société; d'être des hommes, en un mot.

Cet esprit qui vous rend le maître de vos chevaux et de toute la nature, c'est votre âme. Par elle, non seulement vous vous distinguez de la terre, des plantes, des animaux, mais encore vous ressemblez à celui qui a tout fait de rien, et sans lequel nous ne pourrions subsister un seul instant; vous ressemblez à Dieu.

Quand il créa votre premier père : « Faisons l'homme, dit-il, à notre image et à notre ressemblance. » Or Dieu n'a point de corps, c'est donc par votre âme que vous êtes son image...

Vous auriez peut-être envie de m'objecter : « Mais cette âme, je ne la vois pas, et quand on ne voit pas les choses, dame! on n'y croit pas si fort. »

Cependant, mon ami, à combien de choses vous croyez que vous ne voyez pas!

Ne me disiez-vous pas un jour en parlant de Louison, votre fille : « Cette petite a une intelligence extraordinaire! »

Vous croyez donc à l'intelligence de Louison, et vous avez raison. Pourtant, vous ne l'avez pas vue, son intelligence!...

Vous me racontiez une autre fois que cette

même Louison avait partagé son pain avec la vieille mère Madeleine, et vous ajoutiez : « D'ailleurs, madame, cette enfant-là a un cœur... oh! mais, un cœur d'or... »

Vous voilà donc croyante au cœur de Louison, sans l'avoir vu davantage que son intelligence.

« Et maintenant, que pensez-vous de sa volonté? Êtes-vous bien certain qu'elle en ait une?

— Ah! madame..., si elle a une volonté... Bien sûr que oui, et même qu'il n'est pas facile de lui en faire changer.

— Eh bien, cher ami, l'intelligence de Louison, son cœur, sa volonté, toutes ces choses auxquelles vous croyez sans les avoir vues, c'est son âme. »

. . . .

De tout cela que faut-il conclure?

C'est que nous sommes supérieurs aux bêtes, parce que nous avons une âme créée à l'image de Dieu.

C'est qu'étant supérieurs aux bêtes, il ne faut pas vivre comme elles.

C'est que s'il est utile de penser à son corps, il est bien utile de penser à son âme.

... Mais tandis que je cause vous labourez toujours, et je me fatigue à vous suivre. Voilà le soleil qui se couche derrière les coteaux, votre souper vous attend. Bon appétit!...

III

MON VOISIN

Mon voisin est un très brave homme ; il est
chantre à l'église, et crie plus fort à lui tout
seul que deux de ses confrères ensemble. Que
voulez-vous ! tout le monde n'est pas musicien,
même lorsqu'on est chantre ! Depuis plus de
cinquante ans il habite la même chaumière et
cultive le même jardin. Ce jardin est clos par
une haie bien tondue ; derrière la haie passe
un chemin plein d'ombre en été, plein de boue
en hiver.

Je me promène souvent de ce côté, et je jette
un coup d'œil amical sur les chicorées bien ali-
gnées du vieux jardinier ; ce coup d'œil amène
toujours une conversation.

Hier je passai par là. Il paraît que je ne re-
gardai pas les chicorées ; car leur propriétaire,
surpris d'un tel changement dans mes habitudes, me salua d'un bonjour sonore, auquel il
ajouta ces mots :

« Madame n'entre
donc pas ce matin?

— Vraiment, père
Louis, je crois que
j'allais passer sans
vous apercevoir, fis-je
en poussant la porte
à claire-voie, et ce-
pendant vous savez
que je vous aime

Depuis plus de cinquante ans il habite la même chaumière
et cultive le même jardin.

bien! C'est que, voyez-vous, j'étais plongée dans mes réflexions, et je pensais à des choses très sérieuses. »

Là-dessus, je réparai ma distraction vis-à-vis des chicorées, et, les ayant mûrement considérées, je m'assis sur une brouette près du gros rosier blanc.

« Est-ce qu'il y a de mauvaises nouvelles politiques, que madame faisait tant de réflexions ?

— Ah bien oui! je ne pensais guère à la politique, et puisque vous êtes si curieux, père Louis, je vais vous raconter à quoi je pensais.

« Figurez-vous que je suis en train d'écrire un petit livre pour ceux de la paroisse qui ont oublié leur catéchisme, et ce n'est pas toujours facile d'expliquer en mots très simples de très belles et très grandes vérités!... Il faudra que je vienne vous lire quelques-uns de mes chapitres pour voir ce que vous en dites. Vous pourriez à l'occasion me donner une bonne idée... Ainsi, tenez, j'aimerais beaucoup à savoir si jamais vous avez trouvé étonnant qu'il faille croire certaines vérités sans les comprendre, telles que sont les mystères de notre sainte religion ?

— Pour ça, non, madame, s'écria bien vite mon vieil ami; y a pas besoin d'aller si loin pour voir qu'il y a des mystères ailleurs que dans la religion ; y en a bien dans mon jardin, dans le champ d'à côté, et jusque dans le poulailler de ma femme !

— Comment l'entendez-vous, père Louis?

— Dame! quand je plante un haricot et que de ce haricot il sort vingt ou trente cosses, contenant chacune quatre ou cinq haricots, je ne comprends pas du tout comment que ça se fait, et c'est bien vrai pourtant. Le blé que voilà là-bas fait tout comme mes haricots, et nos beaux savants de campagne ne m'ont jamais expliqué ce prodige.

« Sauraient-ils me dire davantage comment d'un œuf, où je ne vois que du liquide blanc et jaune, il va sortir un jour un petit poulet qui piaille, qui a un bec, des pattes et des plumes ? Tout ça sont des mystères, ma bonne dame, et les gens qui ne veulent pas croire ceux de la religion, soi-disant parce qu'ils ne les comprennent pas, c'est qu'ils n'ont jamais réfléchi qu'ils en croyaient bien d'autres tout aussi impossibles à expliquer.

— Vous parlez comme un livre, père Louis ; je vous promets de mettre tout cela dans une de mes causeries, car vraiment je ne saurais trouver rien de mieux. Adieu. »

Et, toute ravie de la rustique et profonde sagesse de mon voisin, je m'en revins chez moi.

Eh bien, chers amis, imitons le père Louis, regardons autour de nous avec quelque peu de réflexion. Quand nous aurons vu quelles merveilles s'accomplissent à chaque instant sans que nous puissions dire comment, nous ne seront plus choqués que dans le catéchisme on nous parle de mystères.

IV

L'ARBRE DÉRACINÉ

Deux enfants étaient assises sur un arbre déraciné la veille par un coup de vent. L'une était la petite fille du château, l'autre la petite fille d'un pauvre ouvrier du voisinage ; l'une tenait un livre à la main, l'autre récitait laborieusement une leçon de catéchisme qu'elle trouvait bien difficile.

La maîtresse et l'élève étaient si sérieuses et si appliquées, qu'elles ne s'aperçurent pas que je les écoutais.

« Voyons, du courage, Georgina, voilà que tu sais presque cette question ; récite-la-moi encore une fois. Qu'est-ce que le mystère de la sainte Trinité ? »

Et Georgina récita sans se tromper :

« C'est le mystère d'un seul Dieu en trois personnes distinctes.

— C'est bien, reprit la petite maîtresse ; mais,

dis-moi, comprends-tu un peu ce mystère?

— Ah! dame, non, mamselle, point du tout!

— Pauvre Georgina! Ce n'est pas bien étonnant, et je suis comme toi; car tu sais que nous avons dit déjà qu'un mystère est une vérité parfaitement certaine, mais au-dessus de notre raison, et qu'il faut la croire sans la comprendre.

« Cependant on peut se faire une idée des mystères par certaines comparaisons, et c'est ce que j'essayerai de te montrer tout à l'heure, comme maman me l'a fait l'autre jour; voyons, en attendant, si tu es bien sûre de ta question quand je la pose autrement que le livre!

« Combien y a-t-il de personnes en Dieu?

— Trois.

— Qui sont ces trois personnes?

— Le Père, le Fils et le Saint-Esprit.

— Quelle est la plus ancienne, la plus parfaite de ces trois personnes?

— Elles sont égales en toutes choses.

— Peut-on dire que ce sont trois Dieux?

— Non, non, ce sont trois personnes qui forment un seul Dieu.

— Bravo, Georgina, tu sais cela comme un curé! Maintenant, je vais voir, moi, si j'ai bien retenu ce que maman m'a dit là-dessus. C'est que, vois-tu, c'est très savant, et j'ai peur de me tromper. Essayons. Quand je te raconte une histoire, me comprends-tu?

— Oui, fit Georgina.

— Je vais te dire pourquoi ; c'est que tu as en toi une intelligence, c'est-à-dire quelque chose qui peut comprendre.

« Sais-tu si tu m'aimes ?

— Oh ! pour ça, oui, mamselle. »

Et Georgina sauta au cou de sa compagne.

« Eh bien, c'est parce que tu as en toi un cœur qui peut aimer.

« Veux-tu toujours m'aimer et rester une bonne fille ?

— Oui, je le veux.

— Tu vois donc que tu as encore une volonté qui sait vouloir. Compte sur tes doigts toutes tes richesses :

« Une intelligence, un cœur, une volonté.

— Cela fait trois choses, dit l'enfant avec admiration.

— Sans doute ; mais cela fait-il trois Georgina ?

— Bien sûr que non, mamselle !

— Donc tu as en toi trois choses distinctes, et ces trois choses ne font qu'une Georgina. Ainsi, quoique toutes les comparaisons soient bien inexactes, il y a en Dieu trois personnes qui ne font qu'un seul Dieu. Retiendras-tu cela ?

— J'essayerai... Merci bien, mamselle ; mais vous êtes toute rouge d'avoir dit des mots si difficiles !... Allons jouer maintenant. »

Les deux enfants se levèrent et allaient s'élancer sous les taillis, quand Georgina s'arrêta court et devint pensive. Puis, montrant l'arbre déraciné qu'elle quittait :

« Mais regardez donc, mamselle, s'écria-t-elle joyeuse, le pauvre arbre a ·

« Des racines,

« Un tronc,

« Des branches.

« Cela fait trois choses très distinctes, et cependant cela ne fait pas trois arbres, mais un seul. Oh! voilà qui me fera toujours penser à ma leçon d'aujourd'hui :

« Trois personnes en Dieu, mais un seul Dieu !

— *Amen,* » répondit la jeune maîtresse. Et toutes deux s'enfuirent comme deux oiseaux.

V

L'ANE

Quel bon animal que cet âne! Voyez comme il courbe la tête sous les paniers et les sacs dont vous le chargez! Comme il est modeste et patient! Comme il vous demande peu de soins et peu de nourriture!

Il se pourrait bien qu'il fût entêté à certains jours. Mais que voulez-vous, on n'est pas parfait! D'ailleurs, je connais des personnes douées de raison et cependant fort entêtées. Je me sens donc disposée à pardonner aux ânes, qui ne sont que des bêtes, de l'être parfois un peu. Enfin, j'aime les ânes : et s'il faut vous dire la vraie raison, la voici.

Je ne puis voir un âne sans penser à l'étable de Bethléem. C'est là, vous le savez, que la sainte Vierge et saint Joseph durent se réfugier, parce que, dans toute la ville, personne n'avait voulu leur donner l'hospitalité; là aussi que la sainte Vierge mit au monde son petit enfant, qui n'était autre que le Fils de Dieu fait chair.

Or si vous avez vu des tableaux représentant cette scène, vous avez pu remarquer qu'auprès du nouveau-né, couché sur de la paille, on aperçoit la grosse tête d'un bœuf et la bonne figure d'un âne. Heureux animaux! ils eurent l'honneur de réchauffer de leur haleine les membre délicats de l'Enfant-Dieu!

Voilà pourquoi l'âne m'est cher.. Vous pourriez me dire que je devrais aimer tout autant le bœuf, puisqu'il a aussi sa place à Bethléem.

Il est vrai; mais voyez-vous, le bœuf, étant un animal d'un prix très élevé et d'un fort bon rapport, est toujours certain d'être partout bien accueilli et bien soigné, tandis que le pauvre âne jouit d'une très petite considération, et moi, j'ai le goût d'aimer les gens qui sont un peu délaissés.

Puis, Notre-Seigneur Jésus-Christ s'est encore servi de l'âne en d'autres occasions. Quand le méchant roi Hérode chercha l'enfant Jesus pour le faire mourir, saint Joseph, averti par un ange, emmena en toute hâte la Vierge et l'enfant dans un pays lointain appelé l'Égypte. Un âne servit au voyage de la sainte mais bien pauvre famille.

Plus tard, Notre-Seigneur lui-même choisit un âne pour monture, lorsqu'il entra triomphalement à Jérusalem aux cris de joie du peuple.

En voilà bien assez pour que, tout en rendant

justice au bœuf, qui nous enrichit quand nous
l'engraissons dans nos herbages, et qui nous

La fuite en Égypte.

nourrit quand il apparaît bouilli ou rôti sur nos
tables, je ressente pour l'âne un sentiment par-
ticulier d'affection.

2*

Mais c'est surtout l'âne de Bethléem qui a, je l'avoue, mes préférences.

Bethléem! Chers amis, avez-vous jamais bien réfléchi au mystère qui s'est accompli dans cette étable, au grand mystère de l'Incarnation?

Tenez, que diriez-vous si vous lisiez dans un livre digne de foi les lignes suivantes : il y avait un roi très riche et très puissant dont le fils unique possédait toutes les joies dans le palais de son père. Tout était d'or et de diamant autour de lui; il avait des milliers de serviteurs toujours prêts à le servir; son vêtement était brillant comme le soleil; il ne connaissait ni la maladie, ni la souffrance, ni la mort. Mais voilà qu'un jour il apprend qu'un mendiant, nourri, vêtu, consolé par le roi son père depuis des années, s'est révolté contre lui, les armes à la main, l'a couvert d'outrages et lui a volé ses biens. Ce mendiant est condamné à retomber dans la plus affreuse misère et même à expier son crime par la mort. A cette nouvelle, le fils du roi s'émeut; il se présente à son père et lui dit : « Mon père, je ne puis voir périr cet homme que nous avons tant aimé; me voici devant vous pour prendre sa place : je vais quitter votre palais, revêtir les misérables hardes de ce mendiant, et quand l'heure où il devait mourir sera venue, c'est moi qui mourrai pour lui. »

Ah! mes bons amis, quel étonnement serait

le vôtre, quelle admiration vous éprouveriez à la lecture de cet acte de dévouement héroïque! Eh bien! cette histoire, qui vous semble merveilleuse et peu probable, c'est celle de l'Incarnation du Fils de Dieu fait homme pour sauver les hommes.

Le roi très puissant, c'est Dieu le Père, souverain seigneur de toutes choses.

Le mendiant, c'est Adam, c'est vous, c'est moi, c'est nous, créés par Dieu, vêtus par lui, nourris de ses bienfaits.

La révolte du mendiant, c'est le péché d'Adam, dont nous héritons tous, et auquel nous ajoutons nos propres péchés.

Le fils du roi, c'est Dieu le Fils, qui a quitté les splendeurs du paradis, les concerts des anges, les rayons de sa gloire, pour souffrir et mourir à notre place. C'est cet enfant Jésus que nous adorons le jour de Noël couché sur de la paille; c'est ce bien-aimé Sauveur qui s'est couvert d'un corps comme le nôtre, et qui a voulu endurer le froid, la faim, la douleur.

O chers amis! vous n'êtes pas des ingrats, je le sais mieux que personne, moi qui vous connais bien; aimez donc ce Jésus de la crèche, qui vous a tant aimés, vous surtout qui travaillez et qui souffrez!

... Et quand vous verrez passer le pauvre âne portant ses sacs de blé au moulin, pensez à l'âne de Bethléem.

VI

LA TONTE DES BREBIS

Un jour que j'étais descendue à la ferme, j'y assistai à la tonte du troupeau. Je n'avais encore jamais vu cette importante opération, et, comme j'aime à m'instruire, j'en suivis tous les détails avec un grand intérêt.

Les pauvres brebis avaient les pieds solidement attachés, et elles étaient couchées par terre l'une près de l'autre.

Les tondeurs, armés de grands ciseaux, leur coupaient la laine, en serrant de si près la peau, que plusieurs d'entre elles avaient déjà des blessures d'où coulaient quelques gouttes de sang.

Quand la toison sortait des mains du tondeur, le fermier la pliait en quatre et l'attachait avec de la paille; — d'autres la contournent sur elle-même et la roulent comme un turban. — Peu importe, me dit-on, la manière dont on la dispose, pourvu qu'elle ne soit pas déchirée et reste parfaitement entière.

A mesure que je considérais ce travail, je ne pouvais m'empêcher de faire en moi-même certains rapprochements... Vous me retrouverez bien là, chers amis, avec mes réflexions qui

La tonte des brebis.

souvent vous paraissent quelque peu originales...

Savez-vous ce que j'avais en tête ?

En voyant ces brebis sans défense, qui poussaient de plaintifs bêlements sous les mains souvent cruelles des tondeurs, je me rappelais que nos saints livres parlent d'un Agneau, — agneau ou brebis, c'est tout comme pour la douceur, — qui devait souffrir sans même ouvrir la bouche, et qui devait se laisser conduire à la mort sans proférer une plainte.

Vous l'avez tous nommé, chers amis, c'est celui que saint Jean a appelé l'Agneau de Dieu, c'est Notre-Seigneur Jésus-Christ.

Voilà pourquoi nos pères, qui en savaient aussi long que nous là-dessus, quand ils construisaient ces églises sur lesquelles sont sculptées toutes sortes de figures et d'animaux, se plaisaient à représenter le Sauveur sous la forme d'une brebis ou d'un agneau.

Penser à cet Agneau divin, qui a été immolé pour nous, c'est penser au troisième grand mystère de notre sainte religion, au mystère de la Rédemption.

Si j'étais en chaire à la place de M. le curé, je vous rappellerais que le mystère de la Rédemption est le mystère d'un Dieu mort sur une croix pour racheter tous les hommes, devenus par le péché les esclaves du démon; mais je crois vous avoir promis de ne pas vous parler du tout comme M. le curé. A chacun sa manière, n'est-ce pas?...

Je me contenterai donc de vous dire quelles ressemblances je trouvais entre les brebis livrées aux tondeurs et l'Agneau de Dieu livré aux Juifs pour notre salut.

— Les brebis étaient étroitement attachées; et leurs liens me représentaient ceux dont on chargea Jésus-Christ au jardin des Oliviers.

— Les brebis étaient blessées par les durs ciseaux ; et leur blessures me faisaient souvenir de celles que les clous aigus firent à Jésus-Christ sur la croix.

— Les brebis étaient dépouillées de leur toison ; comme Jésus-Christ a été dépouillé de sa robe sans couture avant d'être crucifié.

— Ce qui me frappait encore en voyant cette toison, c'est qu'elle ne devait pas être déchirée. Ainsi, pour accomplir les paroles du prophète, la robe sans couture de Notre-Seigneur ne fut point partagée, et les soldats romains la tirèrent au sort.

Vous comprenez maintenant, chers amis, comment ma pensée s'en était allée de la cour de la ferme au sommet du Calvaire, de la tonte des brebis au mystère de la Rédemption... Il est vrai que les brebis en question n'allaient pas mourir ; mais leur sort n'en est pas moins d'être égorgées un jour pour nous nourrir, après avoir été dépouillées si souvent pour nous vêtir.

Rien ne leur manque donc pour être une frappante image de Jésus-Christ, et je m'imagine que désormais vous comprendrez mieux pourquoi « nos anciens », comme vous les appelez, représentaient le divin Sauveur sous les traits d'un agneau.

VII

LE POMMIER MORT

L'hiver a de beaux jours. Hier je parcourais nos chemins solitaires; la terre gelée résonnait sous mes pas, aucun chant d'oiseau ne sortait des haies dépouillées; mais de loin en loin un rouge-gorge ou un pinson venait se poser à mes pieds comme pour me demander quelques miettes. « La faim fait sortir le loup hors du bois, » dit le proverbe, elle donne ainsi du courage aux petits oiseaux. Le soleil brillait, le temps était calme, l'air pur; aussi les moindres bruits des environs m'arrivaient-ils avec une netteté particulière...

Qu'ils sont harmonieux ces bruits variés de nos campagnes!

Dans un enclos voisin, je distinguai bientôt des voix d'enfants, puis les coups redoublés d'une cognée et le craquement du bois sous l'effort du travailleur.

« Dis donc, Marie, demandait en pleurnichant un petit garçon, pourquoi que papa abat notre gros pommier ?... Pauvre gros pommier qui donnait de si belles pommes rouges ! »

Et sa sœur plus âgée lui répondait :

« C'est parce qu'il est mort et ne pourrait plus jamais te donner de pommes. »

Mais petit Louis tenait à ses idées, et insistait en assurant qu'on ne pouvait pas savoir si l'arbre était mort, puisqu'en hiver les arbres n'ont point de feuilles ; qu'il fallait attendre que le gazon eût poussé pour voir si le gros pommier était plus mort qu'un autre et ne se réveillerait pas comme ses voisins.

La grande raison du petit garçon, c'était que les arbres en hiver étant tous pareils au dehors, ils étaient probablement aussi tous pareils au dedans, et qu'il pousserait des feuilles à celui-là comme aux autres.

En entendant la discussion des deux enfants, je me pris à réfléchir : « Tous ces arbres ont l'air morts, me disais-je, et cependant il y en a beaucoup de vivants parmi eux. Hélas ! c'est tout le contraire parmi les hommes, qui ont tous l'air vivants et dont beaucoup sont morts. »

En effet, la vie du corps, la vie des membres, la vie extérieure, en un mot, est la même chez tous ; mais au dedans quelle différence !... L'âme a une vie aussi réelle que le corps, cette vie peut s'alimenter, s'entretenir ou s'éteindre ;

beaucoup d'hommes ont en eux une âme vivante ; combien d'autres qui ont en eux une âme morte !

Au dehors ils sont semblables, ainsi que les arbres en hiver; mais quand le grand printemps du bon Dieu viendra, quand Notre-Seigneur brillera au ciel comme le soleil de mai, pour introduire ses élus en paradis, on s'apercevra alors de la différence.

Voyez ce qui se passe dans la nature au printemps. L'arbre, dont l'intérieur est rempli d'une sève vivante et féconde, pousse des bourgeons, puis des feuilles, puis des fleurs parfumées ; au contraire, celui dont la sève est morte ne ressent plus la bienfaisante chaleur du soleil, ses branches demeurent à jamais stériles, et c'est de lui que Notre-Seigneur a dit dans l'Évangile :

« Voilà déjà trois ans que j'ai planté ce « figuier, j'y viens chercher du fruit et je n'y « en trouve point. Coupez-le donc : pourquoi « occupe-t-il encore la terre ? » (S. Luc, XIII, 7.)

Ainsi en sera-t-il des hommes lors du jugement dernier.

Oui, la vie de l'âme, qui peut s'entretenir et se développer, peut aussi s'affaiblir et s'éteindre.

Elle s'affaiblit par le péché véniel, elle s'éteint par le péché mortel.

Mais, grâce à Dieu, il lui est facile de

renaître. La sève des pommiers morts ne se réveille plus, malgré les assurances du petit garçon, tandis que la vie des âmes ressuscite par la confession et l'absolution des péchés.

Donc, mes chers amis, si jamais nous tombons dans un état de mort intérieure, sortons-en au plus vite. Savez-vous bien qu'il serait terrible d'y être surpris quand viendra l'heure du printemps éternel!... Songez-y, c'est le plus sûr moyen de ne jamais entendre cette effrayante parole : « Allez, bois inutile et sans fruits, bois qui n'êtes bon que pour les flammes, allez, maudits, au feu éternel... C'est là qu'il y aura des pleurs et des grincements de dents. »

Tout en songeant à ces choses, je m'étais éloignée; mais le bruit de la cognée arrivait encore jusqu'à moi. Un craquement se fit entendre..., le vieux pommier était tombé.

VIII

LA SÈVE

En vous racontant l'histoire du pommier mort, je vous ai parlé de la sève. C'est une belle chose à étudier que la sève.

C'est elle, vous le savez, qui circule dans toutes les plantes, qui monte des racines à l'extrémité des rameaux, qui s'approprie les aliments que les racines pompent dans la terre, et qui, par un travail analogue à celui qu'accomplit le sang dans nos veines, entretient la vie dans la plante.

L'être de la plante était contenu dans le germe, et la sève n'aurait pas pu le créer ; mais une fois le germe existant, elle le nourrit ; elle charrie dans toutes les parties du végétal les substances qui le développent et le font croître, comme le sang charrie les aliments, qui sont nécessaires à la vie et à la santé de notre corps. La sève contient souvent des sucs liquides ou solides, qui varient selon l'arbre ou l'arbrisseau et qui ont différentes propriétés.

La sève travaille diversement dans les plantes, mais toujours activement. Elle s'élève au printemps avec une force irrésistible, elle pénètre jusqu'à l'extrémité du plus faible rameau, elle se transporte à la base de tous les bourgeons, elle est partout enfin.

Impossible, mes chers amis, d'entendre expliquer par les savants les opérations de la sève, sans penser aux opérations de la grâce.

L'âme, vous le savez, a une vie surnaturelle, que Dieu répand en elle au jour du baptême, ou qu'il lui rend au sacrement de pénitence, si elle a eu le malheur de la perdre par le péché mortel. Eh bien! cette vie est dans l'âme ce que la sève est dans la plante.

Comme la sève, en effet, n'a pas créé la plante, la grâce n'a pas non plus créé l'âme. Celui qui a fait le germe de la plante est aussi celui qui a fait notre âme, c'est Dieu. Mais l'âme une fois créée par le souffle adorable de ce Dieu tout-puissant, c'est la grâce qui est sa vie.

Elle circule en nous pour nourrir, fortifier, développer notre âme. De même que sans la sève l'arbre ne se couvrirait ni de fleurs ni de fruits, sans la grâce nous ne nous épanouirions jamais au dehors dans les actions agréables à Dieu.

Dieu ne veut pas que nous restions inactifs pour le ciel, et s'il a mis en nous une intelligence, un cœur, une volonté, c'est pour que nous produisions des vertus surnaturelles : vertus qui ont Dieu pour objet, telles que la foi, l'espérance, la charité, et qui réjouissent le regard de Notre-Seigneur Jésus-Christ, comme la fleur réjouit le regard du jardinier qui l'a soignée; vertus qui s'épanchent sur nos semblables, telles que le dévouement, la douceur, la compassion, et qui forment comme un abri sous lequel ils viennent se reposer du poids de leurs peines.

Ainsi la sève se transforme en feuilles et en fruits, et la grâce se transforme en vertus.

La sève prend des goûts divers dans les légumes et les fruits, et la grâce varie ses opérations intérieures dans les âmes. Elle n'agit pas de la même façon dans l'âme du soldat et dans l'âme du laboureur, dans l'âme du riche et dans l'âme du pauvre, car elle se plie à toutes les situations et à tous les états.

La sève, vous disais-je encore, monte avec une grande force; la grâce, elle aussi, porte nos esprits vers Dieu, et empêche que nous ne restions attachés aux choses de la terre.

Par elle nous nous rappelons que nous avons un Père qui est au ciel, un Père qui nous aime et qui veut que chaque jour nous fassions un pas vers lui en devenant meilleurs. Souvenons-nous de cela quand, à la grand'messe, avant la préface, nous entendons chanter : *Sursum corda,* ce qui signifie « le cœur en haut », et prions ainsi : « Mon Dieu, faites croître en moi la grâce, qu'elle élève mes pensées vers vous, qu'elle me pousse en haut, c'est-à-dire où vous habitez, et où vous voulez que j'aille aussi habiter un jour. »

Voilà ce que vous direz le dimanche, n'est-ce pas, chers amis ? Mais ce n'est point une raison pour ne pas le dire pendant la semaine, quand vous verrez la sève gonfler les bourgeons de vos arbres.

IX

LE NID DE ROUGES-GORGES

Les choses qu'on voit le plus souvent sont parfois celles qu'on remarque le moins. Que de nids vous avez tous vus, chers amis, sans compter tous ceux que vous avez dénichés alors que vous alliez encore à l'école! Cependant qui de vous a jamais fait beaucoup de réflexions sur l'admirable industrie de l'oiseau qui les avait construits? Mais rassurez-vous, vous n'êtes pas les seuls qui en soyez là, et moi qui vous parle, je n'étais guère plus avancée, lorsqu'un certain printemps deux rouges-gorges vinrent poser leur nid au pied d'un de mes arbres.

Mes voisins m'intéressèrent; je suivis leurs moindres travaux, et je les vis tour à tour bâtir leur maison, couver leurs œufs, élever leur famille.

Comment les pauvres oiseaux avaient-ils de-

Le nid de rouges-gorges.

viné d'où la pluie venait le plus souvent, pour
en préserver leur petit établissement?

Comment la mère avait-elle su disposer si
habilement l'intérieur du nid de façon que ses
enfants y fussent si mollement couchés?

Comment distinguait-elle avec tant de sûreté
la nourriture qui leur convenait, et quel con-
seiller lui avait dit la quantité qu'elle devait
leur en donner?

Ces questions et bien d'autres me traversaient
l'esprit.

La réponse n'était pas difficile, et tous vous
m'auriez nommé « la Providence », c'est-à-dire
l'action perpétuelle de Dieu sur le monde, con-
servant, conduisant toutes les créatures, petites
et grandes.

La Providence, — qui veillait sur mes rouges-
gorges et leur faisait trouver le pain quotidien
de leurs petits, — c'est elle qui envoie le rayon
de soleil à la fleur des champs; c'est elle qui
suit chacun de nous avec plus de soin que vous
ne suivez vos enfants quand ils font leurs premiers pas. Ah! vos enfants connaissent ce regard dont vous les couvez! S'ils trébuchent, ils
se retournent de votre côté, en poussant un cri.
S'ils ont faim, s'ils ont soif, s'ils sont fatigués,
ils savent bien s'adresser vite à la « maman »,
dont l'œil attentif est toujours fixé sur tous leurs
mouvements.

Le bon Dieu est encore plus tendre que la

plus tendre des mamans. Comme elle, il a un regard qui ne nous quitte pas. Seulement nous n'avons point recours à lui avec l'abandon, la confiance, l'importunité des petits enfants.

Recourir à Dieu, cela s'appelle « prier ». On n'a pas besoin d'être savant pour prier; il suffit d'aimer celui que l'on prie et d'avoir confiance en lui.

...Mais vous m'interrompez pour me dire : « Nous avons quelquefois prié, et Dieu ne nous a pas toujours exaucés. » Et vous, mes chers amis, quand votre fille atteinte d'une grosse fièvre vous a suppliés de la laisser courir dans le pré voisin, l'avez-vous laissée faire? — Non, certainement.

Ou bien quand votre fils tout petit a voulu jouer avec votre grande faux, la lui avez-vous donnée? — Pas davantage.

Cependant vous les aimiez bien; mais vous saviez qu'ils allaient se faire du mal avec ce qu'ils vous demandaient, et vous n'avez pas exaucé leurs désirs.

Il en est ainsi de Dieu. Nous sommes à son égard comme de vrais enfants ; nous ne savons pas au juste ce qui nous est nécessaire; nous lui demandons souvent des choses avec lesquelles nous ferions notre malheur éternel, parce que nous nous en servirions mal. Mais, à côté de cela, que de fois il nous exauce, et comme il nous exaucerait davantage encore si nous le priions avec plus de tendresse !

Ah ! mes chers amis, criez vers lui dans tous vos besoins, répétez cent fois, mille fois la même prière, comme font les enfants qui sont décidés à obtenir ce qu'ils désirent. Notre-Seigneur a dit dans l'Évangile : « On ouvre à celui qui frappe. » — Rappelez-vous ce mot, et frappez sans relâche à la porte de son cœur paternel.

. . . .

Il faut avouer que nous voilà loin de mes rouges-gorges. Que voulez-vous? On dit que tout chemin mène à Rome; je commence à croire qu'avec vous toute conversation m'amène au bon Dieu. Savez-vous bien que je vous en remercie joliment? Car, bien vrai, c'est là que je voudrais toujours aller. Mais malheureusement je fais comme bien d'autres, et très souvent je m'arrête en route.

X

L'EAU

Je regardais du haut du coteau la vallée qui s'étend au-dessous : la riche verdure du pâturage avait disparu ; tout était languissant, décoloré, triste à voir. Le soleil dardait ses rayons de midi sur cette aridité, et les bestiaux épars s'abritaient le long des haies, mugissants et fatigués ; ils avaient vainement cherché toute la matinée une nourriture naguère abondante ; la sécheresse de l'été avait tout brûlé, et l'on se serait cru en hiver, tant l'herbe était flétrie.

Au milieu de cette désolation, une bande verte, une seule se dessinait dans les prés jaunis. On eût dit un ruban frais posé sur une étoffe fanée. La cause de ce phénomène était fort simple à découvrir.

Un cours d'eau passait par là, et son action bienfaisante entretenait sur les deux rives une végétation qui n'existait plus ailleurs. Là seulement les touffes d'herbe avaient encore leur couleur accoutumée, et des fleurs bleues à longs épis garnissaient les berges...

Notre rivière s'appelle « la vie », et vraiment, jamais nom n'exprima mieux le rôle de l'eau dans la nature.

Tout en y réfléchissant, je m'étais rapprochée de ses bords. En les côtoyant quelque temps, j'arrivai au moulin, et là j'admirai encore l'utilité de l'eau. Ménagée par des moyens très simples, que vous connaissez aussi bien que moi, elle fait tourner la grande roue qui, à son tour, fait mouvoir la meule destinée à moudre le grain.

Plus loin, on entendait le battoir des laveuses et le bruit de leurs langues, trop actives, dit-on, et passablement habiles à mal parler du prochain. Ce beau lavoir, caché derrière des saules, est un troisième bienfait de notre petite rivière, et notre linge à tous va s'y blanchir chaque semaine.

Vous le voyez, mes chers amis, l'eau a bien des propriétés; elle vivifie ce qui est aride, elle fait mouvoir ce qui est inerte, elle lave ce qui est souillé.

Je ne m'étonne plus que Notre-Seigneur, instituant le premier des sacrements, le plus indispensable de tous, ait voulu que l'eau servît à l'administrer; car les effets ordinaires de l'eau sont des images frappantes des effets produits dans nos âmes par le baptême.

L'eau lave, et le baptême efface entièrement
la tache que notre âme apporte en ce monde et
qui se nomme le « péché originel », le péché
d'Adam transmis à tous ses descendants. Sans
doute, mes chers amis, c'est là un grand mystère, et peut-être avez-vous rencontré à la ville
quelques jeunes gens qui se permettaient d'en
murmurer. Mais, dites-moi, si Adam nous avait
légué un patrimoine de grâce et de gloire, quel
est celui d'entre nous qui n'aurait pas trouvé
très juste d'en profiter ?

Or, s'il eût été juste de recueillir l'honneur,
comment ne serait-il pas juste de recueillir la
honte ?

Eh bien, le baptême est institué précisément
pour effacer cette souillure qui nous ferme le
royaume éternel, et l'eau versée sur la tête du
baptisé indique merveilleusement la purification
intérieure qui s'opère dans son âme.

Est-ce tout ? Non. Voyez le moulin à certains
jours : la roue est à sa place, le blé est là tout
prêt à être moulu, le meunier attend son gain
pour nourrir sa famille ; cependant tout est
silencieux et immobile. C'est que l'écluse est
fermée, et sans eau pas de mouvement, pas de
farine, pas d'argent.

Notre âme, elle aussi, possède des facultés,
intelligence, volonté, cœur, qui, bien qu'affai-
blies et blessées par le péché originel, sont destinées, dans la pensée de Dieu, non pas seule-

ment à gagner ici-bas de l'argent, ou à faire toute autre œuvre naturelle, mais encore à gagner le paradis par des œuvres surnaturelles.

Cependant elle est immobile pour les choses du ciel, comme la roue du moulin, si l'eau de la grâce donnée par le baptême n'a pas encore coulé sur elle. Il lui faut cette impulsion première pour qu'elle commence son travail de sanctification, que les autres sacrements et la prière viendront aider et développer.

Enfin, sans eau, la terre recevrait en vain les meilleures semences, aucune ne lèverait.

Eh bien, notre âme, dans l'état de péché, ressemble à cette terre aride, elle est condamnée à rester stérile pour le ciel. Jamais la semence du salut n'y germerait, jamais l'arbre de la sanctification n'y déploierait ses rameaux, si l'eau du baptême ne l'avait vivifiée.

Oh! que bénie soit donc cette eau qui a lavé notre âme du péché originel, qui l'a fait passer de la mort à la vie, et qui l'a rendue capable de produire des fruits spirituels. Fêtons, chaque année, l'anniversaire de notre baptême, portons nos enfants à cette source de la vie chrétienne aussitôt qu'ils sont nés. Songeons avec effroi que, par notre négligence, nous les exposerions à mourir dans un état de souillure qui les priverait pour toujours du paradis, selon ce qui est écrit : « Rien de souillé n'entrera dans le royaume du ciel. »

3*

XI

LE SOLDAT

Un troupier, un vrai troupier, cheminait lestement sur la route ce matin, — chose rare et presque curieuse en nos contrées, car nous sommes loin des garnisons : — c'était un chasseur d'Afrique. Son paquet fixé au bout d'un bâton sur son épaule, il sifflait gaiement la *Casquette au père Bugeaud.*

Quand il fut près de moi, je reconnus Marcel. Marcel, c'est le fils d'un vieux ménage, dont la maisonnette, perdue sous les arbres, est tout près de chez moi.

Marcel! Ah! que d'angoisses il avait causées à ses parents pendant la guerre! que de lettres sans réponse! que de larmes versées sur sa mort, qui semblait certaine! La langue paralysée de son père ne pouvait plus se mouvoir; mais elle articulait encore un mot, et ce mot c'était : Marcel! Les mains du vieillard lui refusaient tout service; mais elles pressaient sans cesse un objet, sa seule distraction, et cet objet c'était la photographie de Marcel.

Quant à la mère, j'évitais de la rencontrer quand elle menait paître sa vache par les chemins; car à chaque rencontre c'étaient de douloureuses questions : « Madame a-t-elle reçu des nouvelles? Madame sait-elle quelque chose ? » Et je m'en voulais presque de lui donner encore de l'espérance, alors que je n'en avais plus moi-même.

Mais tandis qu'on le pleurait ainsi, Marcel n'était pas mort, il n'était que prisonnier, et une lettre vint enfin ramener quelque joie dans la chaumière. Depuis lors il n'était pas revenu au pays, et c'était lui que j'avais là devant moi, dispos et bien portant... Je voulus jouir de sa rentrée au logis, et je l'accompagnai jusque chez lui. Chemin faisant, il me raconta ses aventures, ses souffrances, sa captivité en Prusse; triste histoire, qui ressemblait à celle de bien d'autres, mais qu'il contait avec verve et entrain. Vraiment ce garçon-là ne ressemblait guère au Marcel d'autrefois, que j'avais connu lourd, gauche, ne sachant que faire de ses bras, la tête en avant, le dos rond, les cheveux mal peignés, et regardant toujours ses sabots quand il me disait bonjour. Aujourd'hui il avait, ma foi, fort bonne tournure. Je n'en revenais pas de l'entendre défiler si rondement le récit de tout ce qu'il avait vu, lui qui jadis ne savait pas dire quatre mots.

Tout en causant, nous étions arrivés chez ses parents. J'assistai aux premiers embrassements, puis, les laissant à leur bonheur, je continuai ma promenade, non sans songer encore à l'heureuse transformation de Marcel.

Décidément, pensai-je, avoir été soldat, voilà ce qu'il faut pour compléter un homme, pour le poser carrément sur ses jambes et pour lui ouvrir l'intelligence. Monseigneur a eu bien raison de faire l'éloge des soldats et de nous les proposer comme modèles quand il est venu chez nous donner la confirmation.

Qu'est-ce, en effet, que notre vie à tous? Un vrai combat. Les ennemis sont nombreux et redoutables. C'est d'abord le démon, habile à nous tendre partout des embûches; ce sont les gens pervertis, prêts à nous suggérer les plus détestables conseils ; ce sont enfin nos propres penchants, toujours disposés à donner un coup de main au démon pour l'introduire dans notre cœur. Ah! certes, l'occasion de livrer bataille ne manque pas! Or pour se battre, Marcel vous le dirait tout comme moi, — hélas! et ces dernières années ne nous l'ont que trop appris, — il faut avoir été enrôlé, s'être soumis à une discipline, appartenir à un régiment, n'être plus un civil, en un mot, mais un soldat pour de bon. Voilà ce qu'opère dans notre âme la confirmation. De simples chrétiens que nous étions, elle nous transforme en soldats de Jésus-Christ, elle nous enrégimente dans cette grande armée dont Notre-Seigneur lui-même est le chef.

Aussi voyez : tout régiment a son drapeau, et devrait se laisser écraser plutôt que de le livrer. Eh bien, au jour de la confirmation, vous avez reçu le vôtre, un fameux étendard que celui-là, un étendard avec lequel on est toujours sûr de vaincre : la croix.

Mais je vous entends me dire : « Et le sabre, le fusil, la baïonnette, tout ce fourniment qui fait surtout le soldat, allez-vous nous le montrer aussi dans la confirmation ? »

Oui, mes amis. Ce que ces armes matérielles sont pour les combats de la terre, les armes spirituelles le sont pour les batailles de l'âme. Ces armes, qui sont des dons du Saint-Esprit, changent les gens timides, peureux peut-être, qui les reçoivent en vaillants combattants.

Vous imaginez-vous Marcel sans fusil, sans cartouches, en face d'un peloton ennemi? Le pauvre garçon!... Mais son fusil à la main, sa cartouchière bien fournie, on ne le ferait pas reculer d'une semelle.

Ainsi de celui qui a bien reçu la confirmation. Fortifié par l'onction du Saint-Esprit, marqué du signe de la croix, il marchera sans trembler à travers les difficultés, il luttera vaillamment contre les ennemis de son salut; souvent attaqué, jamais abattu, il sortira victorieux de ce grand et rude combat qui s'appelle la vie.

XII

UN CHAMP DE BLÉ

Le blé était en fleur. Il se courbait sous l'air frais du matin, et répandait au loin son odeur champêtre...

J'aime à voir ces beaux épis bien drus, bien égaux, qui promettent l'abondance, et je me dis toujours : « En voilà des tartines pour les petits enfants et des miches dorées pour nourrir l'ouvrier ! » Chez nous, cela s'appele des tourtes ; au reste, peu importe le nom, pourvu qu'on n'en manque jamais.

Le pain ! mais c'est la vie de la famille, et l'on en mange de fameux morceaux, lorsqu'on est à l'ouvrage depuis cinq heures du matin. Aussi, quand j'y songe, je récite le *Pater,* appuyant de tout mon cœur sur cette belle demande : « Donnez-nous notre pain quotidien. » O Père, donnez-le surtout à tous ceux qui travaillent et qui souffrent.

Deux sortes de nourriture sont comprises dans cette prière : l'une qui est indispensable à votre corps, l'autre qui est indispensable à votre âme.

Il est évident que sans pain votre corps ne pourrait pas vivre... Avez-vous essayé de piocher la terre ou d'entreprendre une longue course sans avoir mangé? Non, et je crois que vous avez sagement fait.

Eh bien, si vous ne nourrissez pas votre âme, il lui sera impossible de travailler efficacement à son salut.

La nourriture qu'elle réclame, vous la connaissez tous, c'est l'adorable sacrement de l'eucharistie, c'est Jésus-Christ lui-même résidant au tabernacle.

Privée longtemps de cet aliment divin, une âme tombe accablée sur le chemin du paradis, et le démon, — qui est plus fin même qu'un Normand, — profite de cet instant pour se saisir d'elle et pour la transporter sur le chemin de l'enfer. Notre divin Maître prévoyait bien que nous aurions à lutter contre la fatigue et l'épuisement pour arriver au ciel, et c'est pourquoi il a voulu instituer ce sacrement, qui entretient notre vie spirituelle.

C'était la veille de sa mort. Il avait vécu trente-trois ans sur la terre pour nous instruire par ses paroles et par ses actions; il avait fondé la sainte Église catholique; il ne lui restait plus qu'à gravir le Calvaire pour y mourir à notre place. Son amour ne fut pas encore satisfait. Il se disait qu'après sa résurrection et lorsqu'il serait remonté vers son Père, nous serions tristes et seuls. Cependant le ciel le réclamait,

Institution de l'Eucharistie.

il fallait qu'il y reprît son trône au milieu de la gloire...

Comment faire, mes chers amis? Ni vous ni moi ne l'aurions jamais trouvé ; mais Notre-Seigneur en sait plus long que nous, et peut tout ce qu'il veut.

« Je me ferai pain, pensa-t-il, et je les nourrirai ; de cette façon j'entrerai dans le cœur de chacun d'eux, et jamais ils n'auront été si près de moi. » Alors il prit du pain, le bénit, le rompit, le distribua à ses apôtres en disant : « Ceci est mon corps... Prenez et mangez... »

Ce fut la première communion des apôtres.

Puis Notre-Seigneur leur commanda de faire ce qu'il avait fait, et leur donna à eux et à tous ceux qui, dans l'Église, devaient être revêtus du sacerdoce, le pouvoir de changer le pain en son corps au saint sacrifice de la messe. C'est ce que fait M. le curé tous les jours au moment de la consécration, et c'est aussi ce que font les autres prêtres d'un bout du monde à l'autre.

Voyez donc comme Dieu est bon !

Son soleil fait mûrir le froment de nos champs, son amour prépare le froment du tabernacle. Le pain du corps et le pain de l'âme nous sont donnés par sa main paternelle.

Ah ! pensez à cela, mes chers amis, et ne vous contentez pas de désirer seulement le pain matériel. Dites à Dieu le matin et le soir : « Seigneur, vous voyez ma famille qui attend de vous son pain de chaque jour, bénissez ma récolte, écartez-en l'orage. Mais donnez-moi aussi le pain de l'eucharistie. Ne permettez pas que je m'éloigne de la sainte communion.

« Nourrissez mon âme comme vous nourrissez mon corps ! »

. . . .

Pendant qu'assise sur une grosse pierre je traçais ces quelques lignes, l'air frais et parfumé balançait toujours les épis... Au fond du vallon, notre clocher brillait au soleil. Mon regard charmé allait du champ de blé à l'église, du pain matériel au pain spirituel, et mon cœur bénissait Dieu de nous avoir tant aimés.

XIII

COMME QUOI DE TRÈS VILAINS ANIMAUX PEUVENT
FAIRE PENSER A DE FORT BELLES CHOSES

Voyez, qu'ils sont sales! Tandis que nous les regardons, ils plongent leur tête presque tout entière dans l'auge, remplie de débris, qui est devant eux; ils y mettent en même temps leurs pieds... Puis, les voilà qui fouillent le fumier avec leurs disgracieux groins.

Oserions-nous bien parler du bon Dieu à propos de créatures aussi repoussantes que le sont ces porcs?... Pourquoi pas? Dieu ne les a-t-il pas créés? Et puisque chacune de ses œuvres doit nous faire penser à lui, serait-ce lui manquer de respect que de chercher si ces bêtes immondes ne peuvent pas nous ramener à de saintes pensées? Pour moi, quand je les aperçois, je me rappelle tout de suite ce pauvre garçon qui, par ses folles dépenses, en vint à garder des pourceaux.

Voulez-vous que nous relisions ensemble cette vieille histoire, que certainement on vous a racontée dans votre jeunesse?

Un homme avait deux fils, dont le plus jeune dit à son père : « Mon père, donnez-moi la part du bien qui doit me revenir. » Et leur père leur fit le partage de son bien.

Peu de jours après, le plus jeune de ces deux enfants, ayant amassé tout ce qu'il avait, s'en alla voyager dans un pays fort éloigné, où il dissipa sa fortune en débauches. Après qu'il eut tout dépensé, il survint une grande famine en cette contrée, et il commença à tomber dans l'indigence.

Alors il s'en alla et se mit au service d'un des habitants du pays, qui l'envoya à sa maison des champs pour y garder les pourceaux. Et là il eût bien voulu se rassasier des cosses que ces pourceaux mangeaient; mais personne ne lui en donnait.

Enfin, étant rentré en lui-même, il dit : « Combien y a-t-il de serviteurs à gages dans la maison de mon père qui ont du pain en abondance, et moi, je meurs ici de faim!... Il faut que de ce pas je m'en aille trouver mon père, et que je lui dise : Mon père, j'ai péché contre le Ciel et contre vous... »

Avant d'achever ce récit, mes chers amis, voulez-vous que je vous dise quel est ce jeune homme? C'est vous, c'est moi, c'est nous tous, quand nous abandonnons notre bon Père, notre bon Dieu, et que nous nous en allons loin de lui dépenser tout ce qu'il nous a donné, — notre intelligence, notre cœur, nos forces, — et cela pour l'offenser.

Le péché! voilà ce pays éloigné de Dieu où nous courons nous installer, croyant y trouver le bonheur dans la satisfaction de toutes nos passions. Nous nous estimons libres, et, en réalité, nous ne le sommes point du tout. Au lieu d'obéir à un Père qui nous aimait tendrement, nous obéissons à nos fantaisies, à nos désirs corrompus, à nos entraînements mauvais. Vient un jour où, après avoir dissipé les biens que nous tenions de notre Père, l'âme salie, le jugement faussé, le corps abaissé et dégradé, nous tombons dans la misère, et nous sommes réduits, nous les enfants d'un Seigneur si riche et si puissant, à devenir les esclaves d'un habitant du pays où nous nous sommes fixés.

Cet habitant, c'est le démon. Oui, mes amis, quand nous quittons Dieu, nous devenons les serviteurs du démon; et franchement, c'est un vilain patron que nous prenons là. Il fait de nous ce qui lui convient; il nous condamne aux emplois les plus bas, c'est-à-dire aux péchés les plus honteux, les plus humiliants. Nous nous habituons à vivre en société de vices repoussants, figurés par ces pourceaux qui se traînent dans la fange et dans les immondices.

Nous avions reçu de Dieu un corps destiné à se tenir droit, un regard fait pour s'élever en haut; au lieu de cela, nous voilà marchant comme des animaux, les yeux attachés sur la boue et cherchant notre nourriture parmi les ordures.

. . . .

Cependant notre prodigue, faisant un retour sur lui-même, pousse ce cri qui sera son salut: « Je meurs de faim! Ah! qu'il était bon le pain de chez mon père! Qu'il était réjouissant le vin de son cellier! qu'elle était pure l'eau dont il nous désaltérait! Et maintenant je n'ai même pas en partage la pâture des vils troupeaux au milieu desquels je vis! »

Hélas! mes chers amis, n'est-ce pas là une parole qui vous convient, quand après avoir abandonné le bon Dieu depuis longtemps, après avoir commis bien des fautes, vous vous sentez lassés, dégoûtés, malades des excès que vous avez commis? Vous vous rappelez alors le pain, le vin, l'eau de chez votre père, c'est-à-dire toutes les grâces du Seigneur, qui nourrissaient, fortifiaient, rafraîchissaient votre cœur aux jours de votre jeunesse. Heureux temps où vous ne rougissiez pas d'accompagner votre mère à la messe dans vos beaux habits du dimanche! Vous demandiez là des forces pour le rude labeur de la semaine; vous regardiez avec confiance la vieille statue de la sainte Vierge, près de laquelle

vous aviez **prié** tout petits, et vous sortiez contents de cette église où vous vous trouviez chez
vous. Sous le porche on embrassait ses amis et
ses connaissances; on s'en revenait en causant...
Allons, avouez-le, c'étaient les bons jours, et
vous valiez mieux qu'à présent.

. . . .

Mais n'allez pas à ce souvenir prendre un air
si triste. Rien n'est encore perdu. Vous avez
imité le prodigue dans sa chute, vous pouvez
l'imiter dans son repentir. Écriez-vous avec
lui : « Il faut que j'aille trouver mon père, et
je lui dirai : J'ai péché contre le ciel et contre
vous; je ne suis plus digne d'être appelé votre
fils. »

XIV

LE RETOUR A LA MAISON

Prendre une bonne résolution, c'est bien ; mais la mettre en pratique, c'est mieux encore. Notre prodigue ne s'attarda point. Il partit, et s'en alla trouver son père. Lorsqu'il était encore bien loin, son père l'aperçut, et, touché de compassion, il courut à lui, se jeta à son cou et le baisa.

Le fils s'écria : « Mon père, j'ai péché contre le Ciel et contre vous, je ne suis plus digne d'être appelé votre fils. »

Alors le père dit à ses serviteurs : « Apportez promptement la plus belle robe et l'en revêtez. Mettez-lui un anneau au doigt et des souliers aux pieds. Amenez le veau gras et tuez-le ; mangeons et faisons bonne chère. Car mon fils était mort, et il est ressuscité ; il était perdu, et il est retrouvé. »

Je ne sais si je me trompe, mais je crois que

le pauvre garçon ne fît pas un très 'agréable voyage. Amaigri, déguenillé, couvert de boue, il se disait sans doute : « Jamais on ne reconnaîtra sous ce misérable costume le fils de la maison. Les serviteurs me chasseront comme un malfaiteur; mon père ne me laissera pas approcher de lui : et puis, quand même je pourrais l'approcher, comment lui expliquerais-je ma conduite? La honte arrêtera mes paroles, et la colère de mon père me glacera d'effroi. Cependant je ne chercherai à rien dissimuler; au contraire, je dirai : J'ai péché, je suis un indigne, punissez-moi en me faisant travailler comme l'un de vos serviteurs. »

Avouez qu'il y avait du mérite à prendre cette résolution. Il n'hésite pas cependant. Aussitôt dit, aussitôt fait.

Mes chers amis, faites de même.

Voilà un an, dix ans que votre curé a la douleur de ne pas vous voir à Pâques. Pourquoi toujours remettre? Il est vrai que ce n'est souvent, de votre part, qu'oubli et négligence : vous ne vous livrez pas à ces passions criminelles qui rabaissent l'âme, comme celle de notre prodigue, à la société des pourceaux. Mais n'êtes-vous pas loin de votre Père, loin de Notre-Seigneur Jésus-Christ, loin de Dieu?

Vous le sentez bien sans que j'insiste. Allons, un peu de courage. Dites-vous ce que vous vous êtes déjà répété bien des fois peut-être, mais dites-le avec plus de vigueur : « J'irai trouver mon Père, je reviendrai à Dieu. »

Et partez aussitôt.

Vous avez vu avec quelle tendresse le père du pauvre enfant l'accueillit. Dieu aura pour vous

Le retour de l'enfant prodigue.

une miséricorde bien plus tendre encore au sacrement de pénitence.

Voyez, du reste, quel modèle vous offre le prodigue. Tout ce que vous devez faire, il le fait. « J'ai péché, » dit-il; voilà la confession. « Je ne suis plus digne d'être appelé votre fils; » voilà un cri de douleur qui est un acte de con-

trition. « Traitez-moi comme l'un de vos servi-
eurs ; » c'est-à-dire imposez-moi le travail
ou la peine qu'il vous plaira : voilà la satisfaction.

Ainsi, mes chers amis, tout est prévu par la
miséricordieuse bonté de votre Dieu, et si vous
voulez revenir à lui, il ne tient qu'à vous. Il faut
aller trouver un prêtre, ce prêtre représente
Dieu; en lui parlant vous direz : « Mon père, »
et vous penserez que ce n'est plus M. le curé
qui vous écoute, mais le bon Dieu lui-même.
Avant de vous présenter au prêtre, vous serez
peut-être saisis par la frayeur, la honte, l'em-
barras; vous direz peut-être :

« Mais comment avouer ce que j'ai fait ? Mais
quelle opinion le prêtre aura-t-il de moi ? Mais
comment expliquerai-je ce péché plus gros que
les autres ?... »

Le prodigue, mes chers amis, a connu tous
ces « mais » pendant son pénible voyage, et
pendant qu'il se tourmentait ainsi, avez-vous
remarqué ce que faisait son père ?... Il le guet-
tait de loin, tant il désirait son retour, il cou-
rait à sa rencontre, afin que le pauvre enfant
ne s'effrayât pas trop, et enfin, quand il fut
tout près de lui, il se jeta à son cou et le
baisa.

C'est ainsi que Dieu vous attend dans la personne de son prêtre. Il vous guette de loin, il
voudrait bien aller à votre rencontre, et il a le

cœur plein de baisers et de tendresses pour votre pauvre âme.

Mais vous n'allez pas vers lui. Vous restez assis au milieu de vos pourceaux, c'est-à-dire au milieu de vos péchés, sans paraître désirer autre chose !...

Levez-vous donc, mes amis, faites quelques pas vers la maison de votre Dieu, et tout aussitôt le prêtre vous aidera à faire les autres. Si vous saviez quelle joie vous lui causerez! Ne vous mettez pas en peine du discours que vous lui tiendrez avant de vous confesser. Allez-y seulement, et si vous détestez vos fautes comme l'enfant de notre histoire détestait les siennes, si vous dites comme lui : « Mon père, j'ai péché, » je vous réponds que le reste se fera sans peine.

Le prêtre prononcera sur vous les paroles de la sainte absolution, et aussitôt vous recevrez le pardon de votre bon Dieu, de votre bon Père, qui vous remettra la belle robe dont il vous avait revêtu le jour de votre baptême.

Cette belle robe, c'est l'innocence. C'est elle qui montre qu'on est l'enfant de Dieu, et c'est elle qu'il faudra posséder pour entrer un jour dans la maison céleste.

Là se célébrera une fête plus réjouissante encore que celle qui se fit dans la maison du prodigue quand le père eut dit : « Amenez le veau gras et tuez-le, mangeons et faisons bonne chère, car mon fils était mort, et il est ressuscité. » Prenons garde de perdre notre place à ce banquet éternel, faute d'avoir eu le petit instant de courage nécessaire pour aller avouer nos péchés.

C'est entendu, n'est-ce pas ?

XV

Par une belle matinée de février, deux petits garçons cheminaient dans le sentier du moulin ; je marchais doucement derrière eux, et j'entendais sans peine leur conversation.

« Comment va ta tante Jeanne? disait le plus grand au plus petit.

— Dame, je ne sais pas trop. Elle ne quitte pas son lit, sa figure est toute blanche, et elle ne mange quasiment plus de pain.

— C'est-il vrai que M. le curé va venir tout à l'heure pour lui donner l'extrême-onction ?

— Oui... Dis donc, toi qui vas au catéchisme depuis longtemps, sais-tu bien ce que c'est que l'extrême-onction ? »

L'enfant ainsi questionné chercha dans sa tête et commença bravement ainsi : « L'extrême-onction est un sacrement qui... qui... » Puis il s'arrêta, recommença sa phrase une fois, deux fois, mais n'en put jamais sortir.

A ce moment, j'intervins : « Allons, allons, j'arrive à temps, n'est-il pas vrai, mes garçons?

car vous n'êtes guère plus savants l'un que
l'autre. Tenez, je vais chez la tante d'Albert ;
marchons ensemble, et je vous expliquerai ce
que c'est que l'extrême-onction. Vous savez bien
que Notre-Seigneur Jésus Christ a institué des
sacrements...

— Oui, oui, interrompirent-ils tous deux, pour
y produire la grâce dans notre âme, c'est-à-dire
pour l'aider dans toutes ses nécessités.

— A merveille! Il paraît, d'après votre
réponse, que Notre-Seigneur n'a oublié aucun
des besoins de notre âme, puisque vous venez
de dire qu'il l'aide dans toutes ses nécessités.
En effet, il a institué les secours spirituels les
plus variés. Il veille sur nous dès notre nais-
sance, il prend soin de purifier, de nourrir, de
faire grandir notre âme. Il ne nous abandonne
pas non plus quand nous sommes faibles,
malades, malades en danger de mort, et c'est
pour nous fortifier dans ces moments-là qu'il
a institué l'extrême-onction.

« On va administrer ce sacrement à ta tante,
mon petit Albert, pour effacer ce qui reste en
elle de ses péchés, pour adoucir ses peines,
pour lui donner des forces contre toutes les
frayeurs qu'elle est exposée à ressentir. Voilà
bien longtemps qu'elle souffre, la pauvre tante
Jeanne, et le démon pourrait profiter de cela
pour la porter à murmurer contre le bon Dieu,
à ne pas accepter sa divine volonté, à ne plus

espérer en sa miséricorde. Qui sait jusqu'où irait la méchanceté de cet ennemi de son salut, si Notre-Seigneur ne lui avait préparé des moyens pour le repousser? Peut-être soufflerait-il tout bas à l'oreille de ta tante qu'elle n'ira jamais au ciel...

« Mais non, l'extrême-onction éloignera d'elle toutes ces vilaines pensées. Entrons avec M. le curé, que voilà venir là-bas, et prions avec lui. »

. . . .

C'était une vaillante fille que la tante Jeanne. Elle avait tour à tour soutenu son vieux père et élevé les enfants de sa sœur aînée. J'avais pour elle ce respect et cette sympathie qu'inspire la vie la plus modeste quand elle a été dépensée tout entière au service des autres. Le bon Dieu aura d'ineffables récompenses pour ces âmes-là. Pendant que j'assistais à la pieuse cérémonie, je pensais à la belle couronne qui se préparait là-haut pour l'humble femme. Notre-Seigneur aime tant les pauvres! Il sera si heureux de les revêtir de gloire, s'ils lui ont été fidèles!

Je vis le prêtre faire les onctions d'usage, avec de l'huile bénite, sur les yeux, sur les oreilles, sur la bouche, sur les narines de Jeanne. Il les faisait en forme de croix; car c'est par les mérites de sa croix que Jésus-Christ remet au malade les péchés que celui-ci a pu commettre par les yeux, par la langue, par tous ses sens.

Ah ! qu'il est consolant d'entendre le prêtre prononcer en même temps ces douces paroles : « Que le Seigneur, par cette sainte onction et par sa très grande miséricorde, vous remette tous les péchés que vous avez commis ! »

Et qu'ils sont cruels ceux qui privent leurs parents de ce précieux secours! Ils ignorent donc qu'en allant chercher le prêtre, c'est Jésus-Christ lui-même qu'ils amènent au chevet de celui qui souffre. Ils ne savent donc pas que le divin médecin, non content de soulager l'âme du malade, daigne quelquefois rendre la santé à celui qui reçoit l'extrême-onction, ou du moins ralentit les progrès de son mal et diminue la violence de ses douleurs!

. . . .

Mon petit Albert avait suivi tous les détails de la pieuse cérémonie, il avait vu sa tante s'unir avec une foi profonde aux prières du prêtre, et lever vers le crucifix un regard tout empreint de joyeuse espérance...

Les enfants ne savent pas être tristes bien longtemps; aussi, lorsqu'il sortit avec moi de la maison, me dit-il d'un air presque gai :

« Tenez, madame, je crois bien que ma tante va se guérir...; elle avait l'air bien mieux tout à l'heure; avez-vous vu comme elle souriait à Notre-Seigneur? »

Et l'enfant murmura plus bas : « Merci, mon bon Dieu. »

XVI

MONSIEUR LE CURÉ

Il faut avouer qu'on entend parfois de drôles de choses !... Je demandais l'autre jour à une bonne femme si le nouveau curé de son village était arrivé, et la voilà qui me répond : « Pour ça, oui, madame, et même qu'il n'a pas l'air mauvais homme du tout. »

Tandis que je souriais de cette singulière expression, la mère Brunet continua : « Du reste, madame, ce monsieur prêtre ne sera pas mal vu chez nous... Pourvu qu'il nous laisse faire notre métier et qu'il fasse le sien, bien sûr qu'il n'aura jamais de désagrément. »

Ici, mes chers amis, je ne riais plus du tout ; car, sans malice, la pauvre chère femme disait là de bien tristes choses. Elle parlait de l'admirable mission de M. le curé comme elle aurait parlé d'une occupation ordinaire ou d'un métier qu'on exerce pour gagner sa vie...

Hélas! ce n'était pas la première fois que j'étais peinée par des discours de cette espèce.

Combien de personnes répètent que M. le curé est là pour marier les jeunes gens, pour baptiser les enfants, pour enterrer les morts. Qu'il récite ses prières, qu'il chante sa grand'messe, qu'il secoure les pauvres, rien de mieux. Mais qu'il ne s'avise pas de donner des conseils à ses paroissiens, de faire des observations à ceux dont l'exemple est un scandale, surtout qu'il ne se hasarde jamais à demander quelques fonds pour son église.

Franchement, ce n'est pas la peine d'être catholique pour juger ainsi des devoirs et des droits d'un curé.

D'autres, plus raisonnables, pensent qu'après tout M. le curé a fait ses classes, qu'il sait lire du latin couramment, et peut « causer » une demi-heure en chaire sans se gêner; que par conséquent on doit le croire, et qu'à l'occasion ses avis peuvent être utiles.

Ceux-ci ont certainement un peu de bon sens; mais ils sont loin d'avoir trouvé le vrai motif qui doit nous porter non seulement à écouter, mais à respecter M. le curé.

Ce motif, le voici: c'est que M. le curé a reçu un très grand sacrement, que nous n'avons reçu ni vous ni moi, le sacrement de l'ordre.

Pendant que Notre-Seigneur était sur la terre, il disait en parlant de lui-même : « Je suis le bon Pasteur, le bon Pasteur donne sa vie pour ses brebis, » et c'est ce qu'il a fait au Calvaire. Une fois remonté au ciel, il n'a pas voulu laisser son troupeau tant aimé sans pasteurs visibles, et pour se créer des successeurs, il a institué un sacrement spécial que nous venons de nommer, l'ordre.

C'est ce sacrement qui donne aux prêtres : 1º le pouvoir de dire la sainte messe en changeant le pain et le vin au corps et au sang de Jésus-Christ; 2º le pouvoir d'administrer les sacrements aux fidèles ; 3º les grâces nécessaires pour instruire, consoler, gouverner les âmes.

Voilà pourquoi, mes chers amis, vous devez regarder le prêtre comme le représentant de Jésus-Christ lui-même, et non pas du tout comme s'il n'avait sur vous d'autre supériorité que celle d'avoir fait ses études.

Voyez le jeune Mignard, ce fils d'une ouvrière de notre village : il est au séminaire, mais il n'est pas prêtre encore.

C'est un homme comme vous. Il a ses défauts, quoique certainement il en ait moins qu'un autre. Il est plus pauvre que beaucoup d'entre vous : peut-être l'avez-vous à peine regardé jusqu'ici. Mais prenez garde ; quand il reviendra, dans un an, après l'ordination, n'allez plus voir en lui un homme ordinaire, votre voisin, votre semblable... Il aura reçu un grand sacrement, il sera le député de Jésus-Christ, il aura droit

au respect de tous, et sa dignité sera plus éle-
vée que celle des plus grands personnages de
ce monde...

Vous m'interrompez pour me dire : « Eh!
madame, sera-t-il donc un saint si vite que
cela ? »

Mais vraiment non, mes chers amis, et, pour
ma part, je trouve cela fort heureux ; car si le
bon Dieu, en le faisant prêtre, lui ôtait toutes
les faiblesses humaines, j'aurais grand'peur si
jamais je devais me confesser à lui. Il n'aurait
guère compassion de mes misères, s'il n'en
connaissait au moins quelques-unes par son
expérience personnelle.

Combien, au contraire, j'admire la miséricorde
de Dieu, qui a voulu que le prêtre fût homme
par un côté de lui-même, tandis que par l'autre
il tient à notre égard la place de Jésus-Christ !
C'est sous ce dernier aspect, mes chers amis,
qu'il faut toujours le considérer, et, à ce propos,
laissez-moi finir par une petite histoire.

J'ai connu une très vieille dame, pleine d'intelligence, de vertu et d'amabilité. Son fils était
curé, et elle habitait avec lui. Savez-vous ce
qu'elle faisait souvent? Oh! vraiment, vous ne
le devineriez jamais... Elle baisait les mains de
ce fils, et comme on voulait l'en empêcher, elle
disait : « Laissez-moi donc faire, ce sont les
mains d'un prêtre, et ces mains tiennent tous
les matins le corps de Jésus-Christ. »

La bonne vieille dame, mes chers amis, nous donnait là une grande leçon. Elle oubliait l'homme pour penser surtout au prêtre; elle ne voyait plus son fils qu'à tra ers l'auguste caractère imprimé en lui par le sacrement de l'ordre.

Eh bien, si parfois quelque voisin nous glisse à l'oreille qu'après tout M. le curé n'est pas déjà si « facile à parler », comme l'on dit ici, ou bien qu'il s'est impatienté contre le conseil municipal parce que depuis six mois la pluie tombe dans le grenier du presbytère, rappelons-nous que c'est à M. le curé que nous devons de connaître notre sainte religion, que c'est lui qui, bien des fois, nous a remis nos péchés, lui qui offre pour nous le saint sacrifice, lui enfin que nous serons bien heureux d'avoir près de nous à l'heure de la mort, afin que son absolution nous ouvre le ciel.

Pensez-y. Ou je me trompe fort, ou vous serez alors bien plus contents de votre curé; et qui sait? lui aussi sera peut-être plus content de vous.

XVII

LE PRINTEMPS

Le noisetier a depuis longtemps fleuri ; ses grappes effilées, qui bravent l'hiver, sont déjà flétries.

Les bourgeons du saule ont paru, d'abord luisants et rougeâtres comme le dos d'un insecte, puis soyeux comme du velours gris, et enfin couverts d'étamines jaunes, qui ont un parfum de miel.

La violette s'entr'ouvre le long de tous les chemins, et les tiges épineuses du prunier sauvage vont se couvrir de leurs fleurs blanches.

Printemps ! printemps ! c'est toi ! Les longs et sombres jours sont finis, et les petits enfants qui vont à l'école ne reviendront plus chez eux au milieu du brouillard. Merci, mon Dieu.

. . . .

Je m'en allais par les bois, respirant les souffles attiédis. Le soleil riait dans le ciel bleu ;

la terre semblait tressaillir doucement au con-
tact de ses rayons ; je revoyais quelques mouches.
Tout vibrait, tout chantait dans l'air ; tout re-
muait, tout bruissait sous l'herbe nouvelle.
Dans les pâturages, les troupeaux poussaient de
longs mugissements, et dans les taillis encore
sans feuilles, les oiseaux travaillaient à leurs nids.

Que tout est donc joyeux, pensai-je, on dirait
une noce qui s'apprête ! Et vraiment oui. Là-
haut, dans son paradis, le Père céleste, selon sa
promesse, bénit et féconde tous les êtres, et
sous son regard ils vont accomplir sa parole :
« Croissez et vous multipliez. »

A la vue de cette noce universelle, l'homme,
chef et roi de la nature, ne peut oublier que lui
aussi n'est point un être condamné à demeurer
seul sans rien laisser après lui.

Dieu veut que, par lui, l'humanité se propage ;
Dieu veut qu'il ait aussi son nid et fonde une
famille.

Mais pourquoi faut-il qu'en ces vraies noces,
où les fiancés sont des êtres raisonnables, on
oublie si souvent Dieu, qui a institué le mariage
et en a fait un sacrement ?

Car le mariage est un sacrement, mes chers
amis, et s'il est juste de mettre un bel habit
pour aller à l'église se marier ; s'il est bien
d'inviter ses amis à la fête ; s'il est permis de
faire rôtir son plus gros dindon, en l'arrosant de
ses meilleures bouteilles, il faudrait du moins

ne pas se réjouir comme des païens, il faudrait songer à la dignité du sacrement qui unit l'homme et la femme dans une sainte et inséparable société pour avoir des enfants, pour recevoir aide et consolation l'un de l'autre dans les diverses peines de la vie.

Le sacrement de mariage, s'il est bien reçu, fait que le Saint-Esprit assure aux époux les grâces nécessaires pour se garder une inviolable fidélité et pour donner à leurs enfants une éducation chrétienne.

Mais vous pourriez me dire, mes chers amis, que bien des gens mariés de votre connaissance ont reçu ce sacrement, et cependant n'agissent pas du tout ainsi.

C'est vrai. Mais aussi combien d'entre eux ont mal reçu ce sacrement ! Combien n'ont jamais prié Dieu pour trouver une bonne femme ou un bon mari ! Combien n'ont pensé qu'à la dot que leur apporterait leur future ! il n'est pas mal de désirer que le champ possédé par celle-ci vienne arrondir le vôtre ; mais il faudrait avant tout savoir si cette jeune fille a des habitudes chrétiennes et des principes de moralité ; si elle est laborieuse et plus habile au travail qu'à sa toilette.

Croyez-moi, fût-elle pourvue de quelque bien, si elle est paresseuse, elle fera moins prospérer votre ménage que si elle vous eût apporté moins d'argent, plus d'ordre et plus d'activité.

Et vous, chères enfants, que nous avons vues grandir sur les bancs de nos écoles, pensez-vous à Dieu quand vous faites choix d'un mari ?

Préférez-vous le garçon le plus chrétien, le plus rangé de votre voisinage, pour lui confier toute votre vie ? N'avez-vous pas plus souci de sa tournure que de ses qualités ?

Puis, les uns et les autres, recevez-vous bien le sacrement de pénitence, qui prépare à bien recevoir le sacrement de mariage ?

Ne faites-vous pas cette confession comme si ce n'était qu'une démarche insignifiante pour obtenir un papier nécessaire à votre mariage ?

Je crains bien que beaucoup de ces dispositions ne soient souvent négligées, et je ne saurais dès lors m'étonner en voyant tant de ménages où règnent le vice, les querelles et la misère ; tant de foyers d'où sont bannies la concorde, la bonne conduite et l'économie.

A qui la faute, mes amis ?

Dieu est toujours prêt à répandre sa miséricorde. Pourquoi lui fermez-vous la porte de votre maison, en recevant mal le sacrement par lequel elle eût été bénie ?

.   .   .   .

Mais j'ai promis de ne vous point faire de sermons, et ceci m'a tout l'air d'en être un ; aussi vais-je m'arrêter bien vite, et, pour remplacer ce que je pourrais encore vous dire là-dessus, je vous demanderai de prendre modèle sur Pierre et Catherine, que vous connaissez tous.

Vous rappelez-vous quel air pieux et sage ils avaient tous deux à l'église le jour de leur mariage?

Les gamins en riaient, mais M. le curé murmurait tout attendri : « Ces jeunes gens-là, ce sera le ménage du bon Dieu! »

Je pensais à cela dernièrement, en passant près de chez eux. C'était un dimanche. Ils revenaient de la grand'messe. Le soleil de mars inondait la maison bien balayée; la vaisselle reluisait sur le buffet. Catherine allait préparer le dîner. Pierre avait un pantalon raccommodé, mais si bien raccommodé, qu'on l'aurait cru neuf. Tous deux suivaient des yeux les premiers pas de leur enfant... Il était gai comme un pinson, le cher petit, et voulait courir tout seul après le chat!... Comme père et mère le trouveaient beau, et qu'ils avaient l'air heureux !

En les regardant, on se disait : La paix est là. Le cabaret n'aura pas l'argent de la semaine. Le sacrement de mariage, chrétiennement reçu, porte ses fruits.

Mon Dieu! laissez-leur la santé, et bientôt nous verrons l'aisance s'asseoir à leur foyer.

CONCLUSION

« Il n'est si bonne compagnie qui ne se quitte, »
dit un vieux proverbe, et cela signifie, mes chers
amis, que tout a une fin, même les meilleures
choses.

J'éprouve de vraies joies à causer avec vous,
et cependant il est temps que je me taise. Vous
avez vos affaires, et j'ai les miennes ; vous n'avez
pas le loisir de lire de gros livres, et je n'ai pas
le talent de les écrire. Tout cela sont des rai-
sons suffisantes pour que nous en restions là de
nos entretiens.

Ont-ils servi à quelque chose, ces entretiens ?
Vous ont-ils fait quelque bien ? Y avez-vous
retrouvé par-ci par-là un souvenir de votre jeunesse, alors qu'enfants chrétiens et sages vous
alliez au catéchisme avec des camarades aujour-
d'hui dispersés ?

Dieu le veuille !

Quant à moi, je vous quitte avec tristesse ; mais
cette tristesse est mêlée d'une grande douceur.

Je vous aimais déjà : je vous aime encore
bien plus maintenant. C'est que, voyez-vous,

plus on se rapproche, plus on s'apprécie. Vous m'aimez mieux aussi, je le parierais. Ah! mes chers amis, nous sommes tous enfants d'un même père ; nous avons tous été rachetés par le même sang; nous vivons donc en frères et non en étrangers.

Chacun a son rôle bien marqué dans la grande famille du bon Dieu. Chacun a des devoirs différents à remplir. Mais tous sont nécessaires les uns aux autres. Que nous soyons dans l'abondance ou dans la gêne, nous ne pouvons nous passer de l'appui de nos semblables. Les pauvres ont besoin de recourir à la générosité des riches; mais les riches ont un besoin absolu de puiser dans le trésor des pauvres, dans leurs prières et leurs bénédictions. Elles sont si puissantes auprès de Dieu ! ce sont elles qui ouvrent la porte du ciel; de telle sorte que si les pauvres doivent aux riches un peu de bonheur ici-bas, les riches devront aux pauvres le bonheur là-haut.

Ainsi, après avoir tour à tour donné et reçu, nous mériterons de nous asseoir ensemble à la même table, celle de notre Père à tous : bienheureuse réunion qui durera autant que l'éternité.

FIN

TABLE

34741. — Tours, impr. Mame.